Sitzungsberichte
der
Heidelberger Akademie der Wissenschaften
Stiftung Heinrich Lanz

Mathematisch-naturwissenschaftliche Klasse

*) *Jahrgang 1921 erschien im Verlage von Carl Winters Universitätsbuchhandlung in Heidelberg.*

Im Verlag von Walter de Gruyter & Co. vormals G. J. Göschen'sche Verlagshandlung — J. Guttentag, Verlagsbuchhandlung — Georg Reimer — Karl J. Trübner — Veit & Comp., Berlin erschienen:

Abteilung A. Mathematisch-physikalische Wissenschaften.

Jahrgang 1922: 3 Hefte.

Jahrgang 1923: 5 Hefte.

Jahrgang 1924.

1. Th. Curtius und A. Bertho. Einwirkung von Stickstoffkohlenoxyd und von Stickwasserstoffsäure unter Druck auf aromatische Kohlenwasserstoffe. Reichsmark 0·50
2. Liebmann, Heinrich. Umkehrung des Variationsproblems der ebenen Affingeometrie. Reichsmark 0·60
3. Salomon, Wilhelm. Die Intensitäten alluvialer und diluvialer geologischer Vorgänge und ihre Einwirkung auf die pliocäne Rumpffläche des Kraichgaues und Odenwaldes. Reichsmark 1·20
4. Heffter, L. Zur absoluten Geometrie. Reichsmark 0·60
5. van Werveke, L. Über die Entstehung der lothringischen Lehme und des mittelrheinischen Lößes. Reichsmark 1·50
6. Krull, Wolfgang. Die verschiedenen Arten der Hauptidealringe. Reichsmark 0·50
7. Roeser, Ernst. Übergang von der nichteuklidischen Streckentrigonometrie zur Winkelmessung. Reichsmark 0·30
8. Wellstein, Julius. Zur Differentialgeometrie der isotropen Kurven. Reichsmark 1·50
9. Ewald Rudolf. Die geodynamischen Erscheinungen des krystallinen Odenwaldes als Beispiel einer geoisostatischen Ausgleichsschwingung. Reichsmark 1·50
10. Voelcker, Ilse. Über eine ganz junge Verwerfung bei Rauenberg im Kraichgau. Reichsmark 0·30
11. Liebmann, Heinrich. Die Aufschließung von Differentialinvarianten. Reichsmark 0·50

Abteilung B. Biologische Wissenschaften.

Jahrgang 1923.

1. Kossel, A. und R. E. Gross. Über die Darstellung und quantitative Bestimmung des Arginins. Reichsmark 0·30

Von Jahrgang 1925 ab findet die Trennung in Abteilung A und B nicht mehr statt.

(Fortsetzung siehe 3. Umschlagseite)

*) Bestellungen auf solche Veröffentlichungen der math.-naturw. Klasse, welche früher im Verlag von Carl Winters Universitätsbuchhandlung in Heidelberg erschienen sind, nimmt auch der Verlag Walter de Gruyter & Co., Berlin, entgegen.

Sitzungsberichte
der Heidelberger Akademie der Wissenschaften
Mathematisch-naturwissenschaftliche Klasse
Jahrgang 1929. 6. Abhandlung.

Über die Greensche Funktion des Laplaceschen Differentialausdruckes

Von

Max Müller
in Heidelberg

Eingegangen am 21. April 1929

Vorgelegt von Herrn Liebmann in Heidelberg

Berlin und Leipzig 1929

Walter de Gruyter & Co.

vormals G. J. Göschen'sche Verlagshandlung / J. Guttentag, Verlagsbuchhandlung / Georg Reimer / Karl J. Trübner / Veit & Comp.

Über die Greensche Funktion des Laplaceschen Differentialausdruckes.

§ 1. Problemstellung.

Es sei $\mathfrak{B}$ ein beschränktes Gebiet der (x, y)-Ebene, von dem wir zunächst nur voraussetzen, daß für dasselbe die erste Randwertaufgabe der Potentialtheorie eine Lösung besitzt[1]); sein Rand heiße $\mathfrak{R}$. Dann läßt sich für $\mathfrak{B}$ die Greensche Funktion des Laplaceschen Differentialausdruckes

$$G(x, y;\ \xi, \eta) = -\lg \sqrt{(x-\xi)^2 + (y-\eta)^2} + g(x, y;\ \xi, \eta)$$

aufstellen, deren zweiter Bestandteil diejenige in $\mathfrak{B} + \mathfrak{R}$ stetige, in $\mathfrak{B}$ zweimal stetig differentiierbare Lösung der Differentialgleichung

$$\frac{\partial^2 g(x,y;\ \xi,\eta)}{\partial x^2} + \frac{\partial^2 g(x,y;\ \xi,\eta)}{\partial y^2} = 0$$

ist, die auf dem Rand $\mathfrak{R}$ die Werte von $-\lg \sqrt{(x-\xi)^2 + (y-\eta)^2}$ zu Null ergänzt.

Die vorliegende Arbeit beschäftigt sich mit der Bestimmung bzw. Abschätzung der Integrale

$$(1) \qquad J(\xi, \eta) = \iint\limits_{\mathfrak{B}} G(x, y;\ \xi, \eta)\, dx\, dy,$$

$$(2) \quad J_1(\xi,\eta) = \iint\limits_{\mathfrak{B}} |\, G'_\xi(x,y;\ \xi,\eta)\,|\, dx\, dy, \quad J_2(\xi,\eta) = \iint\limits_{\mathfrak{B}} |\, G'_\eta(x,y;\ \xi,\eta)\,|\, dx\, dy.$$

Auf Anwendungen gehen wir in § 5 ein.

§ 2. Allgemeine Bemerkungen über $J(\xi, \eta)$.

1. Besteht der Rand $\mathfrak{R}$ aus einer endlichen Anzahl von Linienstücken, die eine sich stetig drehende Tangente besitzen, und hat er mit jeder Parallelen zu den Koordinatenachsen nur eine endliche An-

[1]) Wegen der Bedingungen, unter denen diese Voraussetzung erfüllt ist, vgl. etwa: O. Perron, Eine neue Behandlung der ersten Randwertaufgabe für $\Delta u = 0$. Mathem. Zeitschr. 18, 1923, S. 42—54. — N. Wiener, Note on a paper of O. Perron. Journal of Mathematics and Physics 4, 1925, S. 21—32 [= Publications of the Massachusetts Institute of Technology, Department of Mathematics, (2) Nr. 85, 1925]. Ferner die in diesen Arbeiten aufgeführte Literatur.

zahl von Punkten und Strecken gemein, so läßt sich diejenige Funktion $u(x,y)$, die auf $\mathfrak{R}$ verschwindet, in $\mathfrak{B}+\mathfrak{R}$ stetig ist und in $\mathfrak{B}$ stetige partielle Ableitungen der ersten und zweiten Ordnung besitzt, sowie der Differentialgleichung

$$\Delta u(x,y) = -2\pi$$

genügt, darstellen in der Form

$$u(\xi,\eta) = \iint\limits_{\mathfrak{B}} G(x,y;\ \xi,\eta)\, dx\, dy.$$[1]

Ein Vergleich mit der Formel (1) lehrt, daß $J(\xi,\eta)$ in jedem Punkt (ξ,η) von $\mathfrak{B}$ mit $u(\xi,\eta)$ übereinstimmt; da aber $G(x,y;\ \xi,\eta)$ und damit auch $J(\xi,\eta)$ verschwindet, wenn der Punkt (ξ,η) auf $\mathfrak{R}$ liegt[2]), so ist $J(\xi,\eta)$ im ganzen Bereich $\mathfrak{B}+\mathfrak{R}$ mit $u(\xi,\eta)$ identisch.

Die Funktion $J(x,y)$ läßt sich also charakterisieren als diejenige Lösung der Differentialgleichung

$$\Delta J(x,y) = -2\pi, \tag{3}$$

die auf dem Rand $\mathfrak{R}$ verschwindet; sie ist in $\mathfrak{B}$ überall positiv und strebt stetig gegen Null, wenn der Punkt (x,y) sich unbegrenzt dem Rand nähert. Wir können sie gewinnen, indem wir zu der Funktion

$$u_1(x,y) = -\frac{\pi}{2}(x^2+y^2),$$

die der Differentialgleichung

$$\Delta u_1(x,y) = -2\pi$$

genügt, diejenige in $\mathfrak{B}$ reguläre Potentialfunktion $u_2(x,y)$ hinzufügen, die auf $\mathfrak{R}$ die Werte $-u_1(x,y)$ annimmt. Dies gibt zugleich die Möglichkeit, zur genaueren Untersuchung der Funktion $J(x,y)$, insbesondere über die Art ihrer Annäherung an Null bei unbegrenzt gegen $\mathfrak{R}$ wanderndem Punkt (x,y), bekannte Sätze der Potentialtheorie[3]) heranzuziehen; doch wollen wir darauf in dieser Arbeit nicht näher eingehen.

2. Auf Grund der Bemerkung, daß sie eine Lösung der Differentialgleichung (3) ist, läßt sich die Funktion $J(x,y)$ für den *Kreis*

$$x^2+y^2 \leqq R^2$$

---

[1]) Vgl. etwa L. Bieberbach, Theorie der Differentialgleichungen. Berlin (J. Springer) 1923, S. 289—298.

[2]) Vgl. etwa W. Sternberg, Potentialtheorie, Bd. II. Berlin und Leipzig (W. de Gruyter & Co.) 1926, S. 53.

[3]) Vgl. deren Zusammenstellung bei L. Lichtenstein, Neuere Entwicklung der Potentialtheorie. Konforme Abbildung. Encyklopädie der mathem. Wiss. II, 3, 1, S. 243.

leicht explizit angeben. Geht man nämlich zu Polarkoordinaten

$$x = \varrho \cos \omega, \; y = \varrho \sin \omega$$

über, so muß J die für $\varrho = R$ verschwindende, innerhalb des Kreises endliche Lösung der Gleichung

$$\frac{\partial^2 J}{\partial \varrho^2} + \frac{1}{\varrho}\frac{\partial J}{\partial \varrho} + \frac{1}{\varrho^2}\frac{\partial^2 J}{\partial \omega^2} = -2\pi$$

sein. Weil J sich bei Drehungen um den Mittelpunkt des Kreises nicht ändern darf, also von ω unabhängig sein muß, hat man zur Bestimmung von J die gewöhnliche Differentialgleichung zweiter Ordnung

$$\frac{d^2 J}{d\varrho^2} + \frac{1}{\varrho}\frac{dJ}{d\varrho} = -2\pi$$

mit dem allgemeinen Integral

$$J(\varrho) = -\frac{\pi\varrho^2}{2} + C_1 \lg \varrho + C_2.$$

Da J für $\varrho = 0$ endlich bleiben und für $\varrho = R$ verschwinden soll, muß

$$C_1 = 0, \; C_2 = \frac{\pi}{2} R^2$$

sein; mithin kommt

$$J = \frac{\pi}{2}(R^2 - \varrho^2) = \frac{\pi}{2}(R^2 - x^2 - y^2). \tag{4}$$

Für den *Kreisring*

$$R_1^2 \leqq x^2 + y^2 \leqq R_2^2 \qquad (R_1 > 0)$$

erhalten wir $J(x, y)$, wenn wir C_1 und C_2 so bestimmen, daß

$$J(R_1) = -\frac{\pi}{2}R_1^2 + C_1 \lg R_1 + C_2 = 0,$$

$$J(R_2) = -\frac{\pi}{2}R_2^2 + C_1 \lg R_2 + C_2 = 0;$$

es ergibt sich

$$J(x,y) = \frac{\pi}{2}\left[-(x^2+y^2) + \frac{R_2^2 - R_1^2}{\lg R_2 - \lg R_1}\lg(x^2+y^2) + \frac{R_2^2 \lg R_1 - R_1^2 \lg R_2}{\lg R_2 - \lg R_1}\right].$$

3. Aber es werden nur wenige Bereiche sein, für die man die Funktion $J(x, y)$ explizit angeben kann. Im allgemeinen wird man sich damit begnügen müssen, eine Abschätzung für $J(x, y)$ zu finden. Da leistet zunächst der folgende Hilfssatz gute Dienste:

Es sei $\mathfrak{G} = \mathfrak{B} + \mathfrak{R}$ ein beliebiger ein- oder mehrfach zusammenhängender Bereich, $\mathfrak{G}^* = \mathfrak{B}^* + \mathfrak{R}^*$ ein zweiter ein- oder mehrfach *zusammenhängender Bereich, der $\mathfrak{G}$ enthält. Zu $\mathfrak{G}$ gehöre die Funktion $J(x,y)$, zu $\mathfrak{G}^*$ die Funktion $J^*(x,y)$. Setzt man*

$$(5) \qquad \bar{J}(x,y) = \begin{cases} J(x,y) \text{ in } \mathfrak{G}, \\ 0 \text{ in } \mathfrak{G}^* - \mathfrak{G}, \end{cases}$$

so ist in $\mathfrak{G}^*$

$$(6) \qquad J^*(x,y) \geqq \bar{J}(x,y).$$

Beweis: In $\mathfrak{G}^* - \mathfrak{G}$ ist dies gewiß richtig, weil $J^*(x,y)$ nicht negativ werden kann; für $\mathfrak{G}$ folgt es, falls man über $\mathfrak{R}$ die Voraussetzungen von Nr. 1 in Anspruch nimmt, aus der Beziehung

$$J^*(\xi,\eta) = \frac{1}{2\pi}\int\limits_{\mathfrak{R}} J^*(x,y)\,\frac{\partial \mathrm{G}(x,y;\xi,\eta)}{\partial n}\,ds + \iint\limits_{\mathfrak{B}} \mathrm{G}(x,y;\xi,\eta)\,dx\,dy$$

$$= \frac{1}{2\pi}\int\limits_{\mathfrak{R}} J^*(x,y)\,\frac{\partial \mathrm{G}(x,y;\xi,\eta)}{\partial n}\,ds + J(\xi,\eta) \geqq J(\xi,\eta).$$

Ohne besondere Voraussetzungen über $\mathfrak{R}$ läßt sich die Ungleichung (6) folgendermaßen beweisen: Wäre nicht im ganzen Bereich $\mathfrak{G}^*$ die Ungleichung (6) erfüllt, so gäbe es in $\mathfrak{G}^*$ eine Stelle (x_0, y_0) mitsamt einer vollen Umgebung $\mathfrak{U}$, so daß in $\mathfrak{U}$

$$(7) \qquad J^*(x,y) < \bar{J}(x,y)$$

und auf dem Rand $\mathfrak{C}$ von $\mathfrak{U}$

$$(8) \qquad J^*(x,y) - \bar{J}(x,y) = 0.$$

Der Bereich $\mathfrak{U} + \mathfrak{C}$ liegt sicher ganz in $\mathfrak{G}$, denn andernfalls würde für gewisse Stellen von $\mathfrak{U}$ aus (7) wegen (5) folgen, daß $J^*(x,y) < 0$. In $\mathfrak{U}$ ist also $\bar{J}(x,y) = J(x,y)$ und somit

$$\Delta(J^* - \bar{J}) = \Delta(J^* - J) = -2\pi + 2\pi = 0,$$

d. h. $J^* - \bar{J}$ ist eine Potentialfunktion in $\mathfrak{U}$; und da dieselbe in $\mathfrak{U} + \mathfrak{C}$ stetig ist und auf $\mathfrak{C}$ nach (8) verschwindet, muß sie im ganzen Gebiet $\mathfrak{U}$ verschwinden; das aber steht im Widerspruch zu (7). Der Hilfssatz ist damit bewiesen.

4. Insbesondere kann man als $\mathfrak{G}^*$ den kleinsten Kreis nehmen, in den der Bereich $\mathfrak{G}$ eingebettet werden kann. Es ergibt sich dabei nach dem Hilfssatz und (4) die Abschätzung

$$J(x,y) \leqq \frac{\pi}{2}(R^2 - d^2),$$

wo R der Radius dieses Kreises und d der Abstand des Punktes (x,y) von seinem Mittelpunkt ist.

Diese Abschätzung wird namentlich bei schmalen, langgestreckten Bereichen recht ungünstig sein. Wir nehmen deshalb statt des kleinsten Kreises, in den man $\mathfrak{G}$ einbetten kann, den kleinsten einfach zusammenhängenden, von einer Jordankurve begrenzten Bereich $\mathfrak{G}^*$, in dem $\mathfrak{G}$ enthalten ist. Dann gilt, wie in § 3 bewiesen werden soll, folgender Satz:

$J(x, y)$ ist höchstens gleich dem halben inneren Flächeninhalt des kleinsten einfach zusammenhängenden, von einer Jordankurve begrenzten Bereiches, in den $\mathfrak{G}$ eingebettet werden kann.

§ 3. Abschätzung von $J(\xi, \eta)$ für einen einfach zusammenhängenden Bereich.

1. Wir setzen $\mathfrak{B}$ einfach zusammenhängend, den Rand $\mathfrak{R}$ als Jordankurve voraus; $\mathfrak{B}$ braucht nicht beschränkt zu sein, soll aber einen endlichen inneren Inhalt haben. Nach dem RIEMANNschen Abbildungssatz[1]) gibt es eine in $\mathfrak{B}$ analytische, in $\mathfrak{B}+\mathfrak{R}$ stetige Funktion $w = f(z)$ der komplexen Variablen $z = x + iy$, welche $\mathfrak{B}$ umkehrbar eindeutig und konform so auf den Einheitskreis in der Ebene einer komplexen Variablen $w = u + iv$ abbildet, daß der Rand $\mathfrak{R}$ in die Kreisperipherie $|w| = 1$ und außerdem ein beliebiger Punkt $\zeta = \xi + i\eta$ aus $\mathfrak{B}$ in den Punkt $w = 0$ übergeht. Die GREENsche Funktion läßt sich mittels der Abbildungsfunktion $f(z)$ folgendermaßen ausdrücken:

$$G(x, y;\ \xi, \eta) = -\lg|f(z)|.$$

Für den Inhalt F des Bereiches $\mathfrak{B}$ einerseits und für die Funktion $J(\xi, \eta)$ andererseits ergeben sich die Darstellungen

$$F = \iint\limits_{\mathfrak{B}} dx\,dy, \quad J(\xi, \eta) = -\iint\limits_{\mathfrak{B}} \lg|f(z)|\,dx\,dy; \tag{9}$$

unsere Aufgabe ist, beide Integrale in eine Form zu bringen, die einen Vergleich ermöglicht. Hierzu verwenden wir die Umkehrungsfunktion $z = \varphi(w)$ der Funktion $w = f(z)$. Sie läßt sich für $|w| < 1$ als konvergente Potenzreihe

$$\varphi(w) = x(u, v) + iy(u, v) = \sum_{\nu=0}^{\infty} a_\nu w^\nu = \sum_{\nu=0}^{\infty} (\alpha_\nu + i\beta_\nu) w^\nu$$

schreiben, wobei nach den CAUCHY-RIEMANNschen Differentialgleichungen

$$\begin{vmatrix} x'_u & x'_v \\ y'_u & y'_v \end{vmatrix} = (x'_u)^2 + (y'_u)^2 = |\varphi'(w)|^2.$$

---

[1]) Vgl. etwa L. BIEBERBACH, Lehrbuch der Funktionentheorie, Bd. II. Leipzig und Berlin (B. G. Teubner) 1927. Erster Abschnitt.

Führen wir in die Integrale (9) zunächst die neuen Variablen u und v und hernach Polarkoordinaten

$$u = \varrho \cos \omega, \; v = \varrho \sin \omega$$

ein, so kommt

$$F = \iint\limits_{\mathfrak{B}} dx\,dy = \iint\limits_{u^2+v^2<1} \begin{vmatrix} x'_u & x'_v \\ y'_u & y'_v \end{vmatrix} du\,dv = \iint\limits_{u^2+v^2<1} |\varphi'(w)|^2\,du\,dv$$

$$= \int_0^1 \int_0^{2\pi} |\varphi'(\varrho e^{i\omega})|^2 \varrho\,d\varrho\,d\omega,$$

$$J(\xi,\eta) = -\iint\limits_{\mathfrak{B}} \lg|f(z)|\,dx\,dy = -\iint\limits_{u^2+v^2<1} \lg|w|\,|\varphi'(w)|^2\,du\,dv$$

$$= -\int_0^1 \int_0^{2\pi} \lg \varrho\,|\varphi'(\varrho e^{i\omega})|^2 \varrho\,d\varrho\,d\omega.$$

2. Nun ist

$$\varphi' = \sum_{\nu=1}^{\infty} \nu a_\nu w^{\nu-1} = \sum_{\nu=1}^{\infty} \nu \varrho^{\nu-1} \left[a_\nu \cos[(\nu-1)\omega] - \beta_\nu \cos[(\nu-1)\omega]\right]$$

$$+ i \sum_{\nu=1}^{\infty} \nu \varrho^{\nu-1} \left[\beta_\nu \cos[(\nu-1)\omega] + a_\nu \sin[(\nu-1)\omega]\right],$$

$$|\varphi'|^2 = \sum_{\nu=1}^{\infty} \sum_{\mu=1}^{\infty} \nu \mu \varrho^{\nu+\mu-2} (a_\nu a_\mu + \beta_\nu \beta_\mu) \cos[(\nu-\mu)\omega].$$

Die rechts stehende Reihe konvergiert absolut und gleichmäßig für $|w| \leqq \vartheta$, wo $0 < \vartheta < 1$, also im Bereich

$$0 \leqq \varrho \leqq \vartheta, \quad 0 \leqq \omega \leqq 2\pi.$$

Setzen wir

$$F_\vartheta = \int_0^\vartheta \int_0^{2\pi} |\varphi'(\varrho e^{i\omega})|^2 \varrho\,d\varrho\,d\omega,$$

$$J_\vartheta(\xi,\eta) = -\int_0^\vartheta \int_0^{2\pi} \lg \varrho\,|\varphi'(\varrho e^{i\omega})|^2 \varrho\,d\varrho\,d\omega,$$

so können wir gliedweise integrieren und finden mit Rücksicht auf die Beziehungen

$$\int_0^{2\pi} \cos[(\nu-\mu)\omega]\,d\omega = \begin{cases} 0 & \text{für } \nu \neq \mu \\ 2\pi & \text{für } \nu = \mu \end{cases} \qquad (\nu, u = 1, 2, 3, \ldots),$$

$$\int_0^\vartheta \varrho^{2\nu-1} \lg \varrho\,d\varrho = \frac{\vartheta^{2\nu}}{2\nu} \lg \vartheta - \frac{\vartheta^{2\nu}}{4\nu^2},$$

daß

$$F_\vartheta = 2\pi \int_0^\vartheta \sum_{\nu=1}^{\infty} \nu^2 \varrho^{2\nu-1} (\alpha_\nu^2 + \beta_\nu^2)\, d\varrho = \pi \sum_{\nu=1}^{\infty} \nu \,|\, a_\nu \,|^2 \vartheta^{2\nu},$$

(10) $$J_\vartheta(\xi,\eta) = -2\pi \int_0^\vartheta \sum_{\nu=1}^{\infty} \nu^2 |a_\nu|^2 \varrho^{2\nu-1} \lg \varrho\, d\varrho$$

$$= -\pi \lg \vartheta \sum_{\nu=1}^{\infty} \nu |a_\nu|^2 \vartheta^{2\nu} + \frac{\pi}{2} \sum_{\nu=1}^{\infty} |a_\nu|^2 \vartheta^{2\nu}.$$

F_ϑ ist der Inhalt eines Teilbereiches von $\mathfrak{B}$, der für $\vartheta \to 1$ in $\mathfrak{B}$ übergeht; F_ϑ wächst dabei monoton; da $\mathfrak{B}$ einen endlichen inneren Inhalt haben sollte, ist F_ϑ nach oben beschränkt; es existiert also

$$\lim_{\vartheta \to 1} F_\vartheta = \lim_{\vartheta \to 1} \left(\pi \sum_{\nu=1}^{\infty} \nu \,|\, a_\nu \,|^2 \vartheta^{2\nu} \right) = \pi \sum_{\nu=1}^{\infty} \nu \,|\, a_\nu \,|^2 = F.$$

Geht $\vartheta \to 1$, so bleibt hiernach auf der rechten Seite von (10) im ersten Summanden die unendliche Reihe beschränkt, während $\lg \vartheta \to 0$ wandert; dieser Summand verschwindet also. Im zweiten Summanden ist jedes Glied höchstens einhalbmal so groß wie das entsprechende in der Reihe für F_ϑ; daraus folgt die Existenz von

(11) $$\lim_{\vartheta \to 1} J_\vartheta(\xi,\eta) = \frac{\pi}{2} \sum_{\nu=1}^{\infty} |\, a_\nu \,|^2 = J(\xi,\eta)$$

und weiterhin die gewünschte Abschätzung

(12) $$J(\xi,\eta) \leqq \frac{F}{2}.$$

Für einen einfach zusammenhängenden, von einer Jordankurve begrenzten Bereich mit endlichem innerem Inhalt ist also $J(\xi,\eta)$ höchstens gleich der Hälfte des inneren Inhalts.

Das Gleichheitszeichen steht in (12) dann und nur dann, wenn $a_\nu = 0$ für $\nu > 1$, d. h. wenn

$$\varphi(w) = a_0 + a_1 w,$$

d. h. wenn das Gebiet $\mathfrak{B}$ ein Kreis und der Punkt (ξ, η) sein Mittelpunkt ist.

3. Bei dieser Gelegenheit werde bemerkt, daß eine ähnliche Rechnung die allgemeinere Formel

$$\iint_{\mathfrak{B}} [G(x,y;\ \xi,\eta)]^n \, dx\, dy = \frac{n!\,\pi}{2^n} \sum_{\nu=1}^{\infty} \frac{|\, a_\nu \,|^2}{\nu^{n-1}} \qquad (n > 0, \text{ganz})$$

liefert.

Ebenso findet man, daß

$$\int_0^{2\pi} |\varphi(\varrho e^{i\omega})|^2 d\omega = 2\pi \sum_{\nu=0}^{\infty} \varrho^{2\nu} |a_\nu|^2;$$

mithin ist

$$J(\xi,\eta) = \frac{\pi}{2} \sum_{\nu=1}^{\infty} |a_\nu|^2 = \frac{1}{4} \int_0^{2\pi} |\varphi(e^{i\omega})|^2 d\omega - \frac{\pi}{2} |a_0|^2$$

und

$$\frac{1}{4} \int_0^{2\pi} |\varphi(e^{i\omega})|^2 d\omega - \frac{\pi}{2} |a_0|^2 = -\int_0^1 \int_0^{2\pi} \lg \varrho \, |\varphi'(\varrho e^{i\omega})|^2 \varrho \, d\varrho \, d\omega.$$

§ 4. Abschätzung von $J_1(\xi,\eta)$ und $J_2(\xi,\eta)$ für einen einfach zusammenhängenden Bereich.

1. $\mathfrak{B}$ und $\mathfrak{R}$ sollen dieselben Eigenschaften haben wie in § 3. Die Funktion $s = f(z)$ bilde $\mathfrak{B} + \mathfrak{R}$ konform und stetig so auf den Kreis $|s| \leqq 1$ ab, daß der beliebige Punkt $\zeta = \xi + i\eta$ aus $\mathfrak{B}$ in den Punkt $s = \sigma$ übergeht. Die Transformation

$$w = \frac{s - \sigma}{1 - s\bar{\sigma}},$$

wo $\bar{\sigma}$ die zu σ konjugiert-komplexe Zahl bedeutet, führt den Kreis $|s| \leqq 1$ in den Kreis $|w| \leqq 1$ und dabei den Punkt $s = \sigma$ in den Punkt $w = 0$ über. Also bildet die analytische Funktion

$$w = \frac{f(z) - f(\zeta)}{1 - f(z)\bar{f}(\bar{\zeta})}$$

den Bereich $\mathfrak{B} + \mathfrak{R}$ konform auf den Kreis $|w| \leqq 1$ und dabei den Punkt $z = \zeta$ auf den Punkt $w = 0$ ab. Es ist demnach

$$G(x,y;\ \xi,\eta) = -\lg \left| \frac{f(x+iy) - f(\xi+i\eta)}{1 - f(x+iy)\bar{f}(\xi - i\eta)} \right|.$$

Hiermit wird für jede Stelle (ξ_0, η_0) aus $\mathfrak{B}$ bei hinreichend kleinem $|h|$

$$\frac{G(x,y;\ \xi_0 + h, \eta_0) - G(x,y;\ \xi_0, \eta_0)}{h}$$

$$= -\frac{1}{h} \left\{ \lg \left| \frac{f(x+iy) - f(\xi_0 + h + i\eta_0)}{1 - f(x+iy)\bar{f}(\xi_0 + h - i\eta_0)} \right| - \lg \left| \frac{f(x+iy) - f(\xi_0 + i\eta_0)}{1 - f(x+iy)\bar{f}(\xi_0 - i\eta_0)} \right| \right\}$$

$$= -\left[\frac{\partial}{\partial \xi} \lg \left| \frac{f(x+iy) - f(\xi + i\eta)}{1 - f(x+iy)\bar{f}(\xi - i\eta)} \right| \right]_{(\xi_0 + \Theta h, \eta_0)} \qquad (0 < \Theta < 1),$$

$$G'_\xi(x, y; \xi_0, \eta_0) = \lim_{h\to 0} \frac{G(x,y;\xi_0+h,\eta_0) - G(x,y;\xi_0,\eta_0)}{h}$$
$$= -\left[\frac{\partial}{\partial\xi}\lg\left|\frac{f(x+iy)-f(\xi+i\eta)}{1-f(x+iy)\bar f(\xi-i\eta)}\right|\right]_{(\xi_0,\eta_0)}.$$

Nun ist

$$\frac{\partial}{\partial\xi}\lg\left|\frac{f(x+iy)-f(\xi+i\eta)}{1-f(x+iy)\bar f(\xi-i\eta)}\right|$$
$$=\left|\frac{1-f(x+iy)\bar f(\xi-i\eta)}{f(x+iy)-f(\xi+i\eta)}\right|\cdot\frac{\partial}{\partial\xi}\left|\frac{f(x+iy)-f(\xi+i\eta)}{1-f(x+iy)\bar f(\xi-i\eta)}\right|;$$

setzt man

$$\frac{f(x+iy)-f(\xi+i\eta)}{1-f(x+iy)\bar f(\xi-i\eta)} = F(\xi+i\eta) = U(\xi,\eta)+iV(\xi,\eta), \tag{13}$$

so wird

$$\frac{\partial}{\partial\xi}\left|F(\xi+i\eta)\right| = \frac{\partial}{\partial\xi}\sqrt{[U(\xi,\eta)]^2+[V(\xi,\eta)]^2}$$
$$=\frac{1}{|F(\xi+i\eta)|}[UU'_\xi+VV'_\xi],$$

also

$$G'_\xi(x,y;\xi_0,\eta_0) = \frac{U(\xi_0,\eta_0)\,U'_\xi(\xi_0,\eta_0)+V(\xi_0,\eta_0)\,V'_\xi(\xi_0,\eta_0)}{|F(\xi_0+i\eta_0)|^2}. \tag{14}$$

2. Bei der Berechnung von $U(\xi,\eta)$ und $V(\xi,\eta)$ setzen wir zur Abkürzung

$$f(x+iy) = u(x,y)+iv(x,y) = u+iv,$$
$$f(\xi+i\eta)=u(\xi,\eta)+iv(\xi,\eta)=\bar u+i\bar v,\quad \bar f(\xi-i\eta)=u(\xi,\eta)-iv(\xi,\eta)=\bar u-i\bar v.$$

Zerlegung des Ausdrucks (13) in reellen und imaginären Teil liefert

$$U(\xi,\eta)=\frac{(u-\bar u)(1-u\bar u-v\bar v)+(v-\bar v)(u\bar v-v\bar u)}{(1-u\bar u-v\bar v)^2+(u\bar v-v\bar u)^2}=\frac{Z(\xi,\eta)}{N(\xi,\eta)},$$
$$V(\xi,\eta)=\frac{(v-\bar v)(1-v\bar v-u\bar u)+(u-\bar u)(v\bar u-u\bar v)}{(1-u\bar u-v\bar v)^2+(u\bar v-v\bar u)^2}=\frac{\bar Z(\xi,\eta)}{N(\xi,\eta)},$$

wobei $Z(\xi,\eta)$ und $\bar Z(\xi,\eta)$ bzw. $N(\xi,\eta)$ Abkürzungen für die Zähler bzw. den Nenner sind. Hiernach wird

$$U'_\xi=\frac{NZ'_\xi-ZN'_\xi}{N^2},\quad V'_\xi=\frac{N\bar Z'_\xi-\bar ZN'_\xi}{N^2}$$

mit

$$Z'_\xi(\xi,\eta) = (u-\bar u)(-u\bar u'_\xi - v\bar v'_\xi) + (1-u\bar u - v\bar v)(-\bar u'_\xi) + (v-\bar v)(u\bar v'_\xi - v\bar u'_\xi) + (uv - v\bar u)(-\bar v'_\xi),$$

$$\bar Z'_\xi(\xi,\eta) = (v-\bar v)(-v\bar v'_\xi - u\bar u'_\xi) + (1-v\bar v - u\bar u)(-\bar v'_\xi) + (u-\bar u)(v\bar u'_\xi - u\bar v'_\xi) + (v\bar u - u\bar v)(-\bar u'_\xi),$$

$$N'_\xi(\xi,\eta) = 2(1-u\bar u - v\bar v)(-u\bar u'_\xi - v\bar v'_\xi) + 2(u\bar v - v\bar u)(u\bar v'_\xi - v\bar u'_\xi).$$

3. Wir können uns die Funktion $f(z) = f(x+iy)$ so gewählt denken, daß $f(\xi_0 + i\eta_0) = 0$, d. h. $u(\xi_0, \eta_0) = 0$, $v(\xi_0, \eta_0) = 0$; dann wird einfach

$$Z(\xi_0,\eta_0) = u, \quad \bar Z(\xi_0,\eta_0) = v, \quad N(\xi_0,\eta_0) = 1,$$
$$U(\xi_0,\eta_0) = u, \quad V(\xi_0,\eta_0) = v,$$
$$Z'_\xi(\xi_0,\eta_0) = -(1+u^2+v^2)\,u'_\xi(\xi_0,\eta_0),$$
$$\bar Z(\xi_0,\eta_0) = -(1+u^2+v^2)\,v'_\xi(\xi_0,\eta_0),$$
$$N'_\xi(\xi_0,\eta_0) = -2uu'_\xi(\xi_0,\eta_0) - 2vv'_\xi(\xi_0,\eta_0)$$

und schließlich

$$U(\xi_0,\eta_0)\,U'_\xi(\xi_0,\eta_0) + V(\xi_0,\eta_0)\,V'_\xi(\xi_0,\eta_0)$$
$$= [u^2+v^2-1]\,[uu'_\xi(\xi_0,\eta_0) + vv'_\xi(\xi_0,\eta_0)]$$
$$= [\,|f(x+iy)|^2 - 1]\,[uu'_\xi(\xi_0,\eta_0) + vv'_\xi(\xi_0,\eta_0)];$$

außerdem

$$F(\xi_0 + i\eta_0) = f(x+iy);$$

mithin nach (14)

$$G'_\xi(x,y;\,\xi_0,\eta_0) = \frac{|f(x+iy)|^2 - 1}{|f(x+iy)|^2}\,[uu'_\xi(\xi_0,\eta_0) + vv'_\xi(\xi_0,\eta_0)]. \tag{15}$$

4. Nun ist[1])

$$|uu'_\xi(\xi_0,\eta_0) + vv'_\xi(\xi_0,\eta_0)| \leq \sqrt{u^2+v^2}\,\sqrt{[u'_\xi(\xi_0,\eta_0)]^2 + [v'_\xi(\xi_0,\eta_0)]^2} = |f(x+iy)|\;|f'(\xi_0+i\eta_0)|. \tag{16}$$

Das Gleichheitszeichen stände hier nur, wenn entweder

$$\frac{u}{v} = \frac{u(x,y)}{v(x,y)} = \frac{u'_\xi(\xi_0,\eta_0)}{v'_\xi(\xi_0,\eta_0)} \quad \text{oder} \quad \frac{v}{u} = \frac{v(x,y)}{u(x,y)} = \frac{v'_\xi(\xi_0,\eta_0)}{u'_\xi(\xi_0,\eta_0)}$$

gleich einer endlichen Zahl $\varkappa$ ist. Der Fall, daß $u'_\xi(\xi_0,\eta_0) = v'_\xi(\xi_0,\eta_0) = 0$, also $f'(\xi_0 + i\eta_0) = 0$, kann nicht eintreten, da sonst $f(z)$ entgegen

1) Vgl. etwa G. PÓLYA und G. SZEGŐ, Aufgaben und Lehrsätze aus der Analysis, Bd. I. Berlin (J. Springer) 1925, S. 54.

der Voraussetzung keine umkehrbar eindeutige Abbildung vermitteln würde. Ist aber etwa $u(x,y) = \varkappa v(x,y)$, so folgt aus den CAUCHY-RIEMANNschen Differentialgleichungen, daß

$$u'_x(x,y) - \varkappa u'_y(x,y) = 0,$$
$$\varkappa u'_x(x,y) + u'_y(x,y) = 0;$$

die Determinante $1+\varkappa^2$ dieses Gleichungssystems ist von Null verschieden; also muß $u'_x = u'_y = 0$, mithin nach den CAUCHY-RIEMANNschen Differentialgleichungen auch $v'_x = v'_y = 0$, d. h. $f(z)$ eine Konstante sein, was unmöglich ist. Das Gleichheitszeichen kann daher in (16) nicht vorkommen; aus (15) und (16) folgt somit

$$|G'_\xi(x,y;\,\xi_0,\eta_0)| < \frac{1-|f(x+iy)|^2}{|f(x+iy)|}\cdot|f'(\xi_0+i\eta_0)|.$$

5. Lassen wir fortan die Fußmarke 0 wieder weg, so ergibt sich nunmehr[1]), wenn wie in § 3

$$f(z) = w = u+iv = \varrho e^{i\omega}$$

gesetzt wird,

$$J_1(\xi,\eta) = \iint\limits_{\mathfrak{B}} |G'_\xi(x,y;\,\xi,\eta)|\,dx\,dy < |f'(\xi+i\eta)| \iint\limits_{\mathfrak{B}} \frac{1-|f(x+iy)|^2}{|f(x+iy)|}\,dx\,dy$$
$$= |f'(\xi+i\eta)| \iint\limits_{u^2+v^2<1} \frac{1-|w|^2}{|w|}\,|\varphi'(w)|^2\,du\,dv$$
$$= |f'(\xi+i\eta)| \int_0^1\!\!\int_0^{2\pi} \frac{1-\varrho^2}{\varrho}\,|\varphi'(\varrho e^{i\omega})|^2\,\varrho\,d\varrho\,d\omega$$
$$= 2\pi\,|f'(\xi+i\eta)| \sum_{\nu=1}^{\infty} \nu^2 |a_\nu|^2 \int_0^1 (1-\varrho^2)\,\varrho^{2\nu-2}\,d\varrho$$
$$= 2\pi\,|f'(\xi+i\eta)| \sum_{\nu=1}^{\infty} \frac{2\nu^2|a_\nu|^2}{4\nu^2-1}$$
$$\leqq \frac{4\pi}{3}|f'(\xi+i\eta)| \sum_{\nu=1}^{\infty} |a_\nu|^2;$$

das letze Gleichheitszeichen steht nur, falls $a_\nu = 0$ für $\nu > 1$, also nur, falls $\mathfrak{B}$ ein Kreis mit dem Mittelpunkt (ξ,η) ist.

Mit Rücksicht auf (11) ist also

$$J_1(\xi,\eta) < \frac{8}{3}|f'(\xi+i\eta)|\,J(\xi,\eta), \tag{17}$$

---

[1]) Eigentlich müßte bei der Integration zunächst eine kleine Umgebung der Stelle (ξ,η) ausgespart und das Integral als uneigentliches behandelt werden. Doch mag die kürzere Darstellung des Textes genügen.

also erst recht
$$J_1(\xi,\eta) < \frac{4}{3} F\,|f'(\xi+i\eta)|\,.$$

6. Im allgemeinen wird in der Ungleichung (17) $|f'(\xi+i\eta)| = |f'(\zeta)|$ nicht beschränkt bleiben, wenn der Punkt ζ sich dem Rand $\mathfrak{R}$ nähert; aber da $J(\xi,\eta)$ dann gegen Null strebt, wird unsere Ungleichung dennoch in vielen Fällen eine gleichmäßige Abschätzung erlauben. Ist ζ eine Stelle aus $\mathfrak{B}$, die von $\mathfrak{R}$ den Abstand δ hat, so können wir um ζ als Mittelpunkt einen Kreis $\mathfrak{K}$ vom Radius δ schlagen und aus der Integraldarstellung
$$f'(\zeta) = \frac{1}{2\pi i} \int\limits_{\mathfrak{K}} \frac{f(\tau)}{(\tau-\zeta)^2}\, d\tau,$$
da $|f(\tau)| \leqq 1$, $|\tau-\zeta| = \delta$ ist, folgern, daß
$$|f'(\zeta)| \leqq \frac{1}{\delta}\,.$$
Also gilt für eine Stelle (ξ,η), die von $\mathfrak{R}$ den Abstand δ hat, die Abschätzung
$$J_1(\xi,\eta) < \frac{8}{3\,\delta} J(\xi,\eta). \tag{18}$$

7. Hieraus ergibt sich z. B. für den Kreis $x^2+y^2 \leqq R^2$, weil nach (4)
$$J(\xi,\eta) = \frac{\pi}{2}(R^2-\varrho^2) = \frac{\pi}{2}(R+\varrho)(R-\varrho) = \frac{\pi}{2}(R+\varrho)\,\delta \leqq \pi\cdot R\cdot\delta,$$
daß
$$J_1(\xi,\eta) < \frac{8}{3}\pi\cdot R = \frac{8\,F}{3\,R}\,.$$

8. Genau dieselben Abschätzungen gelten für $J_2(\xi,\eta)$.

§ 5. **Anwendungen.**

Wir machen über $\mathfrak{B}$ und $\mathfrak{R}$ dieselben Voraussetzungen wie in § 2, 1. Dann läßt sich im Punkt (ξ,η) der Wert jeder Funktion $z(x,y)$, die in $\mathfrak{B}+\mathfrak{R}$ stetig ist, in $\mathfrak{B}$ stetige partielle Ableitungen erster und zweiter Ordnung besitzt und der Differentialgleichung
$$\Delta z = f(x,y)$$
genügt, sowie auf dem Rand $\mathfrak{R}$ die Werte einer vorgegebenen stetigen Funktion $R(s)$ der Bogenlänge s annimmt, darstellen in der Form
$$z(\xi,\eta) = \frac{1}{2\pi}\int\limits_{\mathfrak{R}} R(s)\,\frac{\partial\, G[x(s),y(s);\xi,\eta]}{\partial n}\,ds$$
$$-\frac{1}{2\pi}\iint\limits_{\mathfrak{B}} f(x,y)\,G(x,y;\xi,\eta)\,dx\,dy.$$

Genügen die Funktionen $z_1(x,y)$ und $z_2(x,y)$ derselben Randbedingung und ist

$$\varDelta z_1(x,y) = f_1(x,y), \quad \varDelta z_2(x,y) = f_2(x,y),$$

wobei in $\mathfrak{B}$

$$|f_1(x,y) - f_2(x,y)| \leqq d,$$

so ergeben sich die Abschätzungen

$$|z_1(\xi,\eta) - z_2(\xi,\eta)| \leqq \frac{1}{2\pi} \iint\limits_{\mathfrak{B}} |f_1(x,y) - f_2(x,y)| \, |G(x,y;\xi,\eta)| \, dx\, dy$$
$$\leqq \frac{d}{2\pi} J(\xi,\eta),$$

$$\left| \frac{\partial z_1(\xi,\eta)}{\partial \xi} - \frac{\partial z_2(\xi,\eta)}{\partial \xi} \right| \leqq \frac{1}{2\pi} \iint\limits_{\mathfrak{B}} |f_1(x,y) - f_2(x,y)| \, |G'_\xi(x,y;\xi,\eta)| \, dx\, dy$$
$$\leqq \frac{d}{2\pi} J_1(\xi,\eta),$$

$$\left| \frac{\partial z_2(\xi,\eta)}{\partial \eta} - \frac{\partial z_2(\xi,\eta)}{\partial \eta} \right| \leqq \frac{1}{2\pi} \iint\limits_{\mathfrak{B}} |f_1(x,y) - f_2(x,y)| \, |G'_\eta(x,y;\xi,\eta)| \, dx\, dy$$
$$\leqq \frac{d}{2\pi} J_2(\xi,\eta).$$

Die erste Abschätzung hat C. RUNGE[1]) benutzt, um den Grad der Annäherung bei seiner numerischen Integration der Differentialgleichung $\varDelta u =$ const. zu beurteilen. Als obere Schranke für $J_1(\xi,\eta)$ nahm er dabei den halben Inhalt des kleinsten, das Integrationsgebiet umschließenden Kreises (vgl. § 2, 4); nimmt man als obere Schranke den halben Flächeninhalt des Integrationsbereiches selbst, so kann man für die von RUNGE angegebenen numerischen Werte eine größere Genauigkeit garantieren.

Alle drei Abschätzungen spielen eine Rolle bei dem zuerst von Herrn É. PICARD[2]) angegebenen, von Herrn L. LICHTENSTEIN[3]) in seinen Einzelheiten genauer untersuchten Beweis für dic Existenz der Lösung

---

[1]) C. RUNGE, Über eine Methode, die partielle Differentialgleichung $\varDelta u =$ Constans numerisch zu integrieren. Zeitschr. f. Math. u. Phys. **56**, 1908, S. 225—232, bes. S. 230ff.

[2]) É. PICARD, Mémoire sur la théorie des équations aux dérivées partielles et la méthode des approximations successives. Journal de mathématiques pures et appliquées (4) **6**, 1890, S. 145—210, bes. S. 150—165.

[3]) L. LICHTENSTEIN, Zur Theorie der gewöhnlichen Differentialgleichungen und der partiellen Differentialgleichungen zweiter Ordnung. Rendiconti del Circolo matematico di Palermo **28**, 1909, S. 267—306, bes. S. 291--301.

der ersten Randwertaufgabe in einem Bereich $\mathfrak{B}$ bei der allgemeinen partiellen Differentialgleichung vom elliptischen Typus

$$\Delta z = \Phi(x, y, z, z'_x, z'_y)$$

mittels sukzessiver Approximation. Genügt Φ der Lipschitzbedingung

$$| \Phi(x, y, z_1, p_1, q_1) - \Phi(x, y, z_2, p_2, q_2) |$$
$$\leqq k_1 | z_1 - z_2 | + k_2 | p_1 - p_2 | + k_3 | q_1 - q_2 |,$$

sind M und N obere Schranken für $J(\xi, \eta)$, bzw. $J_1(\xi, \eta)$ und $J_2(\xi, \eta)$ in $\mathfrak{B}$, so konvergiert das Verfahren, falls

$$k_1 M + k_2 N + k_3 N < 1;$$

die genannten Herren begnügen sich mit der Feststellung, daß diese Ungleichung sicher gilt, wenn F, der Inhalt des Gebietes $\mathfrak{B}$, hinreichend klein ist, denn M und N werden bei gegen Null strebendem F selbst beliebig klein. Wann F „hinreichend" klein ist, wird in vielen Fällen mittels der in dieser Arbeit hergeleiteten Abschätzungen entschieden werden können, beispielsweise immer dann, wenn Φ von den partiellen Ableitungen erster Ordnung überhaupt nicht abhängt.

FSC
www.fsc.org
MIX
Papier | Fördert
gute Waldnutzung
FSC® C083411

Zeitfracht Medien GmbH
Ferdinand-Jühlke-Straße 7
99095 Erfurt, Deutschland
produktsicherheit@kolibri360.de